BEI GRIN MACHT SICH IHR WISSEN BEZAHLT

- Wir veröffentlichen Ihre Hausarbeit,
  Bachelor- und Masterarbeit

- Ihr eigenes eBook und Buch -
  weltweit in allen wichtigen Shops

- Verdienen Sie an jedem Verkauf

Jetzt bei www.GRIN.com hochladen
und kostenlos publizieren

Christoph Brosig

Aus der Reihe: e-fellows.net stipendiaten-wissen

e-fellows.net (Hrsg.)

Band 91

Die bewegte Kamera und ihre Genauigkeit

Vorbereitung und Durchführung eines Bildflugs

GRIN Verlag

Bibliografische Information der Deutschen Nationalbibliothek:

Die Deutsche Bibliothek verzeichnet diese Publikation in der Deutschen National-
bibliografie; detaillierte bibliografische Daten sind im Internet über http://dnb.d-
nb.de/ abrufbar.

Dieses Werk sowie alle darin enthaltenen einzelnen Beiträge und Abbildungen
sind urheberrechtlich geschützt. Jede Verwertung, die nicht ausdrücklich vom
Urheberrechtsschutz zugelassen ist, bedarf der vorherigen Zustimmung des Verla-
ges. Das gilt insbesondere für Vervielfältigungen, Bearbeitungen, Übersetzungen,
Mikroverfilmungen, Auswertungen durch Datenbanken und für die Einspeicherung
und Verarbeitung in elektronische Systeme. Alle Rechte, auch die des auszugsweisen
Nachdrucks, der fotomechanischen Wiedergabe (einschließlich Mikrokopie) sowie
der Auswertung durch Datenbanken oder ähnliche Einrichtungen, vorbehalten.

Impressum:

Copyright © 2010 GRIN Verlag GmbH
Druck und Bindung: Books on Demand GmbH, Norderstedt Germany
ISBN: 978-3-640-95562-6

Dieses Buch bei GRIN:

http://www.grin.com/de/e-book/174889/die-bewegte-kamera-und-ihre-genauigkeit

GRIN - Your knowledge has value

Der GRIN Verlag publiziert seit 1998 wissenschaftliche Arbeiten von Studenten, Hochschullehrern und anderen Akademikern als eBook und gedrucktes Buch. Die Verlagswebsite www.grin.com ist die ideale Plattform zur Veröffentlichung von Hausarbeiten, Abschlussarbeiten, wissenschaftlichen Aufsätzen, Dissertationen und Fachbüchern.

Besuchen Sie uns im Internet:

http://www.grin.com/

http://www.facebook.com/grincom

http://www.twitter.com/grin_com

WILHELM–HAUSENSTEIN–GYMNASIUM MÜNCHEN

QUALIFIKATIONSSTUFE 2009/2011

Seminararbeit im Wissenschaftspropädeutischen
Seminar

Vermessung – Die Erfassung der Erde

Die bewegte Kamera und ihre Genauigkeit

Christoph Brosig

Die bewegte Kamera und ihre Genauigkeit - Vorbereitung und Durchführung eines Bildflugs

Christoph Brosig

6. November 2010

Inhaltsverzeichnis

1 Einordnung des Bildflugs in seinen Kontext   1

2 Planung eines Bildflugs   1
   2.1 Das Raum- und Bildkoordinatensystem   2
        2.1.1 Die innere Orientierung   2
        2.1.2 Das Raumkoordinatensystem   3
        2.1.3 Die äußere Orientierung   4
   2.2 Planung der Trajektorie   4
        2.2.1 Nadir- und Schrägbildaufnahme   4
        2.2.2 Vom Kartenmaßstab zur Bildwanderung   5

3 Technische Realisierung und Durchführung eines Bildflugs   9
   3.1 Das bildflugtaugliche Flugzeug   9
   3.2 Die richtige Kamera - Wahl des Objektivs   9
        3.2.1 Gängige Objektivtypen   9
        3.2.2 Vor- und Nachteile der Überweitwinkelkamera   10
        3.2.3 Weitere wichtige Objektiveigenschaften   13
        3.2.4 Eigenschaften der Kamerabefestigung   13
        3.2.5 Der Kameraöffnungszyklus und weitere wichtige Merkmale des
               Fotos   14
   3.3 Systeme zur Positionsbestimmung   15
   3.4 Inertiale Navigationssysteme zur Verfeinerung der GNSS-Daten   15

4 Luftbilder im Alltag   17

1 Einordnung des Bildflugs in seinen Kontext

Eine der geschichtsträchtigsten Wissenschaften ist die Vermessung der Erde, die Geodäsie. Sie versucht die Welt so genau wie möglich auszumessen und abzubilden. Ein wichtiges Messverfahren dabei ist die Photogrammetrie. Die Photogrammetrie selbst stützt sich vor allem auf mathematische Beschreibungen wie z.b. die der Zentralperspektive, aus dieser heraus man nun Gegenstände der ebenen Perspektive des Bildes rekonstruieren kann.

Schon Leonardo da Vinci hat sich mit der Geometrie und Gesetzmäßigkeiten in Raumabbildungen in der Ebene beschäftigt. Somit gibt es die „Ur-Photogrammetrie" nicht erst seit der Erfindung des „Fotos". Die Bildmessung wurde dennoch erst durch das neuere, optisch-technische Verfahren „Fotographie" annähernd zu dem, wie wir sie heute kennen. Seitdem können Geodäten relativ genau Objekte aus Bildern rekonstruieren und diese vermessen.

Photogrammetrie lässt sich in zwei Arten unterscheiden: terrestrische und Luftphotogrammetrie. Bei der terrestrischen Photogrammetrie werden Bilder von festen Standorten auf der Erdoberfläche zu Rate gezogen um Objekte aus diesen zu vermessen. Im Gegensatz dazu gibt es die Luftbildphotogrammetrie. Hier werden Fotos aus der Luft zur Vermessung der Erde verwendet. Diese Bilder werden aus speziellen Bildflugzeugen heraus erstellt um Landschaften von oben abzubilden. [Fin68]

Im Folgenden wird vor allem Augenmerk auf die Vorbereitung und Durchführung eines Bildflugs gelegt, bei welchem die angesprochenen Luftbilder erzeugt werden. Neben der Planung der wichtigsten Bildgrößen wird vor allem auch die technische Realisierung des Bildfluges mit Kamera und Flugzeug besprochen. Zum Schluss soll erläutert werden, welche Endprodukte aus dem einfachen Luftfoto hervorgehen und wie sie im Alltag zur Geltung kommen.

2 Planung eines Bildflugs

Bevor man einen Bildflug durchführt, ist es sehr wichtig, nicht nur das rechtlich korrekte Verfahren zu durchlaufen, sondern neben der exakten Routenführung des Flugzeugs, auch die Kameraeinstellung genaustens zu planen. Letztere bestimmt maßgeblich die Genauigkeit und damit die Qualität des Bildes. Dadurch wird bestimmt, ob Luftaufnahmen nach dem Flug zur geodätischen Auswertung geeignet sind oder nicht. Eine missglückte Planung kann einen ganzen Flug abwerten, wenn die erzeugten Bilder nicht den gewünschten Einstellungen des Auftrags entsprechen. Ein Bildflug wird normalerweise von einer Behörde oder einer Firma in Auftrag gegeben; diese legen vorab fest, welches Gebiet zu welcher Jahreszeit beflogen werden soll. Die richtige Zeit für die Befliegung zu wählen ist deswegen so wichtig, weil zum Beispiel die unterschiedliche Belaubung für den Verwendungszweck der Fotos eine große Rolle spielt. So kann zum Beispiel die Gesundheit von Bäumen anhand von Luftbildern am Besten bei vollem Blattwerk festgestellt werden. Dazu muss man aber den richtigen Flugtermin auswählen. Ganz offensichtlich ist ein Bildflug im Sommer im Vergleich zu einem Termin im Winter hier deutlich günstiger. Nachdem man die Aspekte, Gebiet und Zeitpunkt geklärt hat, kann die Region, die beflogen werden soll, in einzelne Bildfluglose eingeteilt werden. Das sind einzelne Flugabschnitte, die jeweils eine eigene, unabhängige Serie von Bildern liefern. Wird ein Bildflug von einer Behörde, wie dem Bayerischen Landesamt für Vermessung und Geoinformation (LVG) vergeben, so werden diese „Lose" europaweit ausgeschrieben und können von sämtlichen Luftbildfirmen nach den genauen technischen und photographischen Anforderungen an die Luftbilder, die in der Ausschreibung des LVG festgehalten sind, beflogen werden. Der wirtschaftlichste Anbieter erhält den Zuschlag.

Alle Schritte der bisherigen Planung bilden den äußeren Rahmen des Fluges. Der nächste Schritt hingegen ist deutlich konkreter und beschäftigt sich mit der Bestimmung der Flugroute, auch **Trajektorie** genannt.

2.1 Das Raum- und Bildkoordinatensystem

Das Prinzip der **zentralperspektivischen Abbildung als Foto**, also die Abbildung eines Punktes im Raum durch ein Projektionszentrum auf eine Bildebene, funktioniert wie folgt: Die Grundlage bildet das **Modell der Zentralprojektion**. Bei der Zentralprojektion werden Punkte einer Ebene durch Projektionsstrahlen, die durch **das Projektionszentrum** O, das außerhalb dieser Ebene liegt, auf einer weiteren Ebene, der Bildebene, abgebildet.

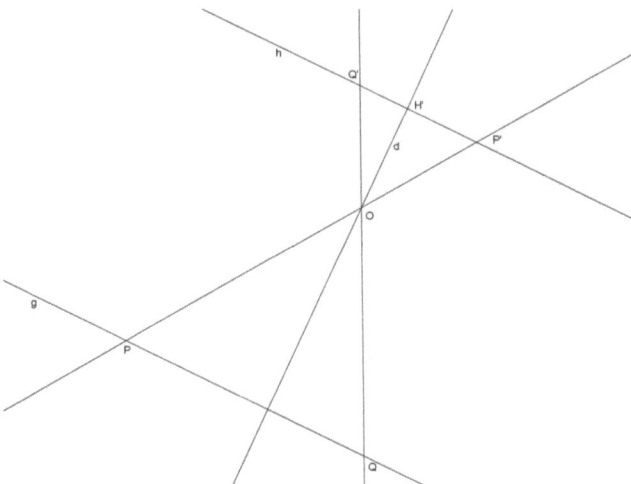

Abbildung 1: Projektion des Punktes P

Der Punkt P liegt auf der Geraden g und wird durch den Punkt O, der außerhalb von g liegt, auf die Gerade h projiziert. Die Gerade PO schneidet h in P'. In diesem Fall ist O **das Projektionszentrum**, P **der zu projizierende Punkt** und P' **die Projektion von** P.

2.1.1 Die innere Orientierung

Der Abstand OH' ist der Abstand des Projektionszentrums O zum **Bildhauptpunkt** H', der Lotfußpunkt des Lotes von O auf h. Diese sogenannte **Bilddistanz** d wird als ein Teil der **inneren Orientierung der Zentralprojektion** verstanden. Im photogrammetrischen Gebrauch setzt man die Bilddistanz d mit der sogenannten **Kammerkonstanten** c gleich.

Um diese Zentralprojektion nun analytisch beschreiben zu können, muss sowohl der zu beschreibende Raum als auch das Bild in ein Koordinatensystem gebracht werden. Durch diese Koordinaten ist es nun möglich alle Punkte eindeutig zu lokalisieren. Somit lassen sich also auch die Koordinaten des Bildhauptpunktes H', dem Bildmittelpunkt,

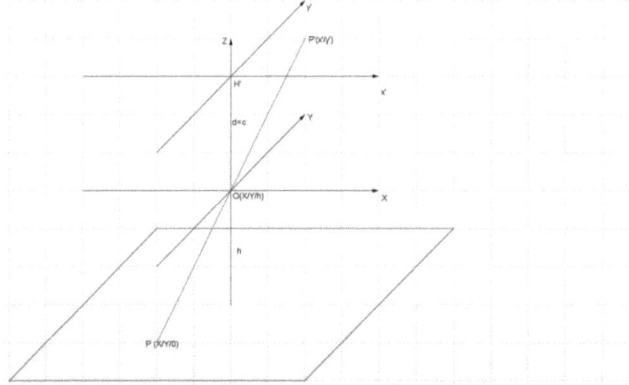

Abbildung 2: Raum-/Bildkoordinatensystem

angeben, die den zweiten Teil der inneren Orientierung der Zentralprojektion bilden. Diese innere Orientierung gibt also an, wo im Bild ein Objekt ist. Der Vollständigkeit halber sei zu erwähnen, dass zur inneren Orientierung auch Angaben zur sogenannten Verzeichnung zählen. Die Verzeichnung eines Objektives beschreibt einen Bildfehler, der bestimmte Strahlen gekrümmt abbildet. Heutzutage ist die Verzeichnung eines Objektives vernachlässigbar.

2.1.2 Das Raumkoordinatensystem

Das Raumkoordinatensystem soll ein (rechtwinkliges) Rechtssystem aus X-,Y- und Z-Achse sein. Die X-Y-Ebene liegt horizontal (,tangential) zur Erdoberfläche, während die Z-Achse senkrecht dazu steht. Bei Bildflügen liegt, wie später noch näher erläutert, die Bildebene vorzugsweise parallel zur X-Y-Ebene, und bildet eine X'-Y'-Ebene. Auf diese Annahme hin kann man nun auch die Richtungen der X-,Y- und Z-Achse an den Verwendungszweck angepasst beschreiben. Die X-Achse liegt in Flugrichtung, die Y-Achse steht senkrecht zur Flugzeuglängsachse. Die Z-Achse steht senkrecht zur Erdoberfläche, aber genau entgegengesetzt der Aufnahmerichtung. Die Z-Achse wird unter anderem als Zenit bezeichnet. Das Aufnahmezentrum O liegt nun auf den Koordinaten:

$$O(X/Y/Z).$$

Da die Z-Koordinate gleich der Flughöhe ist, wird die Z-Achse auch häufig als h-Achse bezeichnet:

$$O(X/Y/h).$$

Zu beachten ist, dass die Flughöhe nicht der Höhe über Normalnull h_0 entspricht. Diese erhält man durch Addition der Höhe des aufgenommenen Geländes h_g mit h:

$$h_0 = h_g + h$$

3

2.1.3 Die äußere Orientierung

Als weiterer wichtiger Schritt müssen nun die Angaben der **äußeren Orientierung des Luftbildes** bestimmt werden. Sie geben vereinfacht gesagt die Position und Lage der Kamera zur Zeit des Auslösens an. Zur Bestimmung dieser Parameter, auch **sechs Stücke der äußeren Orientierung** genannt, betrachtet man auf der einen Seite die Koordinaten des Projektions- bzw. Aufnahmezentrums der Kamera O im Raum. Man spricht von X-,Y- und Z-Koordinaten von O, d.h. die konkreten Landeskoordinaten des Punktes. Andererseits werden die Lage der Aufnahmerichtung und die der Bildebene im Raum ermittelt. Wie diese Bestimmung erfolgt, wird im Kapitel *3.3 Systeme zur Positionsbestimmung* weiter angesprochen.

Weiter muss dann die Lage der Bildebene im Raum geklärt werden. Dazu dient die Auswertung der Raumwinkel ϕ , ω und κ:

- Fliegt ein Flugzeug, das in X-Richtung idealerweise fliegt, mit einer **Drehung der Flugzeuglängsachse in der X-Y-Ebene**, in der ein Abweichung durch den Winkel κ von der „neuen" Flugrichtung zur X-Achse ermittelt werden kann, so muss dies festgehalten werden, um weiterhin konkrete Angaben davon zu erhalten, in welcher Lage das Foto genau erzeugt wurde..

- Auch die Abweichungen, was eine Drehung von der ideallen Flugrichtung entlang der X-Achse angeht in der X-Z-Ebene, auch „Rollen" der Flugzeugnase genannt, wird durch den Winkel ϕ notiert. Man nennt dies auch **Längsneigung** des Flugzeugs.

- Der dritte Raumwinkel ist die Drehung des Flugzeugs in der Y-Z-Ebene, wenn die X-Richtung wieder die Flugrichtung angibt. Diesen Drehwinkel gibt man durch ω an. Dies wird auch als „Nicken" um die Flugrichtungsachse oder als **Querneigung** bezeichnet.

In Kapitel *3.4 Inertiale Navigationssysteme zur Verfeinerung der GNSS-Daten* wird besprochen, wie diese Winkel in der Praxis ermittelt werden.

Alle drei Raumkoordinaten von O und seine Lage im Raum, die sich aus den drei Raumwinkeln ergibt, bilden die sechs Stücke der äußeren Orientierung des Luftbildes. [PDL59]

2.2 Planung der Trajektorie

Nachdem nun sowohl die innere als auch die äußere Orientierung von Luftbildaufnahmen klar geworden ist, kann mit der Planung der sogenannten Trajektorie, der Flugroute, begonnen werden. Üblicherweise werden parallele Flugbahnen gewählt, die mäandrisch von West nach Ost bzw. in Gegenrichtung liegen, das heißt das Flugzeug fliegt zunächst streng von West nach Ost und um nun auf eine parallele Bahn von Ost nach West zu gelangen fliegt es eine Schleife außerhalb des zu fotografierenden Bereichs auf die nächste parallele Bahn.

2.2.1 Nadir- und Schrägbildaufnahme

Wie geflogen wird, ist auf jeden Fall ein sehr wichtiger Punkt, doch noch viel größere Bedeutung hat die Frage, wie fotografiert wird. Hier unterscheidet man **Nadiraufnahmen** und **Schrägbildaufnahmen**. Heutzutage werden beinahe alle Bilder als Nadiraufnahmen erzeugt. Nadiraufnahmen besitzen eine Aufnahmerichtung, die mit dem Lot von O auf die Erdoberfläche zusammenfällt. Der Bildnadir ist der Z-Achse, dem Zenit, entgegengerichtet. Bei einer Nadiraufnahme steht die Aufnahmerichtung des Bildes also orthogonal zur X- bzw. Y-Achse des zu Beginn eingeführten Raumkoordinatensystems. Die Flugrichtung ist parallel, also entlang der X-Achse und die

Y-Achse des Raums steht senkrecht zur Flug- und Aufnahmerichtung des Bildflugzeugs.

In der Praxis werden keineswegs perfekte Nadiraufnahmen erzeugt, da durch den leichtesten Seitenwind das Flugzeug von seinem Idealkurs abkommt und somit die Aufnahme nahezu nie eine einwandfreie Nadiraufnahme ist. Daher muss man nun eingrenzen, bis zu welchem Grad an Abweichung man noch von einer Nadiraufnahme spricht und ab wann es eine Schrägaufnahme ist. Man bezeichnet den Winkel der tatsächlichen Abweichung von der perfekten Nadiraufnahme, der Winkel zwischen Aufnahmerichtung der Kamera und Lot im Aufnahmeort, als **Nadirdistanz**. Sie wird üblicherweise in Neugrad (gon) angegeben. Bis zu maximal 3gon (2,7°) Abweichung als Nadirdistanz machen eine Senkrecht- bzw. Nadiraufnahme aus, alles darüber hinaus wird als Schrägaufnahme bezeichnet.

2.2.2 Vom Kartenmaßstab zur Bildwanderung

Abweichungen vom perfekten Kurs mit Nadiraufnahmen hängen, genauso wie die Größe der Raumwinkel, die zur äußeren Orientierung beitragen, wie die Kantung κ, die maximal 5gon Abweichung (4,5°) betragen darf, enorm vom Wetter, aber auch von den Fähigkeiten des Piloten ab. Andere Komponenten wie die Überlappung der Luftbilder, sowohl in Aufnahmerichtung, als auch zwischen zwei Flugstreifen, sind vor allem abhängig von einer perfekten Planung der **Trajektorie**. Die meisten Größen des erzeugten Luftbildes werden vor allem durch die Wahl des Bildmaßstabs $1 : m_b$ bestimmt. Dieser wird durch den Kartenmaßstab $1 : m_k$ vorgegeben. Zwischen Bild- und Kartenmaßstab herrscht folgender Zusammenhang, der empirisch bestimmt worden ist:

$$m_b = 200\sqrt{m_k} \tag{1}$$

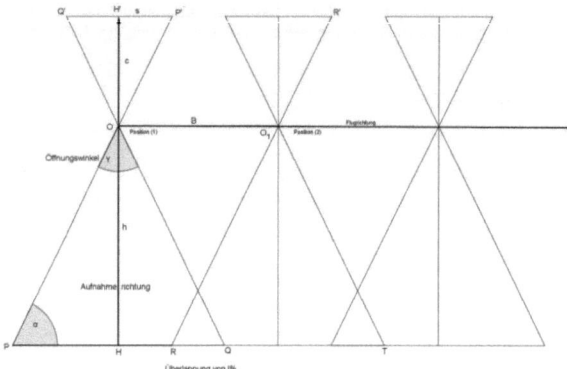

Abbildung 3: Beschreibung der Trajektorie

Die **Bildmaßstabszahl** m_b kann mit unten stehender Formel durch Variation der Flughöhe h über Grund und der Kammerkonstanten c erreicht werden. Laut Strahlensatz gelten hier folgende Beziehungen:

$$\frac{\overline{PO}}{\overline{OP'}} = \frac{\overline{HO}}{\overline{OH'}}$$

In der Zentralprojektion gilt zwischen $\overline{PO}$ und $\overline{OP'}$, und $\overline{HO}$ und $\overline{OH'}$, ein Proportionalitätsfaktor m_b. So gilt folgender Zusammenhang zwischen Flughöhe und Kammerkonstanter:

$$\overline{HO} = h$$
$$\overline{OH'} = c$$
$$m_b = \frac{h}{c} \qquad (2)$$

Bis 2009 war zum Beispiel für Bildflüge des LVG eine Kammerkonstante von $c = 153mm$ Standard. Das hieße bei einem Bildmaßstab von 1 : 12400:

$$m_b = \frac{h}{c}$$
$$h = c * m_b$$
$$h = 0,153m * 12400 \approx 1900m$$

Es würde also eine Flughöhe von 1900m geplant.

Als nächstes muss der **Basisabstand** B geplant werden. Er gibt den Abstand in Meter an, zwischen den einzelnen Aufnahmen, das heißt der Abstand der *Position (1)* des Projektionszentrums von der *Position (2)*. Er ist ein besonders wichtiger Aspekt bei der Planung der Überlappung der Bilder. Das Bild, das auf die Bildebene projiziert wird, ist nach heutigem Standard quadratisch mit der **Seitenlänge s in der Bildebene** und **Seitenlänge** S des Quadrats, das den belichteten Bereich umschließt. Das Ermitteln der Seitenlänge S ist durch einen weiteren Zusammenhang aus dem Strahlensatz nachvollziehbar:

$$\frac{\overline{PQ}}{\overline{P'Q'}} = \frac{\overline{HO}}{\overline{OH'}}$$
$$\overline{PQ} = S$$
$$\overline{P'Q'} = s$$

Also steht S zu s wie h zu c. Daher ergibt sich der Zusammenhang:

$$\frac{S}{s} = \frac{h}{c} = m_b \qquad (3)$$
$$S = s * m_b$$

Bei Standardluftbildern misst heutzutage die Länge einer Bildseite $s = 23cm$. Das LVG lässt aktuelle Luftbilder mit $m_b = 12400$ erstellen.

$$S = s * m_b$$
$$S = 0,23m * 12400 \approx 2900m$$

Das ergibt also eine Seitenlänge $S = 2900m$.

Zum Basisabstand B muss nun die Überlegung angestellt werden, dass sich zwei aufeinanderfolgende Bilder auf $l\%$ der Seitenlänge S überschneiden. Erkennt man, dass

$\overline{PP'}$ und $\overline{RR'}$ parallel sind, weil beide im Winkel α von der „Erdoberfläche" stehen, so entspricht $\overline{PR}$ auf der Erdoberfläche der Parallelen $\overline{OO_1}$. Der Winkel α ist abhängig vom durch die Kamera gegebenen Öffnungswinkel γ:

$$\alpha = 90° - \frac{1}{2} * \gamma$$

$\overline{PR}$ ist außerdem der Bereich von $\overline{PQ}$ der nicht der Überlappung mit dem Bereich $\overline{RT}$ unterliegt. $\overline{OO_1}$ ist der sogenannte Basisabstand B der Aufnahmen. Er entspricht also einer Seitenlänge S ohne den überlappten Bereich von $l\%$ von S. Daher gilt:

$$B = S(1 - \frac{l}{100}) \tag{4}$$

Je nach Grad der gewünschten Längsüberdeckung der Bilder variiert also auch B. Sollen sich Bilder stärker überdecken, so wird B kleiner. Für das LVG soll die Überdeckung der Bilder (l) bei einer Seitenlänge $S = 2900m$ 65% betragen.

$$B = S(1 - \frac{l}{100})$$
$$B = 2900m * (1 - \frac{65}{100}) \approx 1000m$$

Somit ergibt sich ein Basisabstand von rund $B = 1000m$.

Besonders verwertbare Bildflüge für Geodäten zeichnen sich durch eine besonders große Überlappung aus. Doch nicht nur die Überlappung in Flugrichtung, sondern auch die Überschneidung der Flugstreifen selbst ist ein entscheidender Punkt, um später daraus messen zu können. Eine große Rolle hierbei spielt der Streifenabstand A. Er wird durch die Querüberlappung von $q\%$ gegeben.

Die Bestimmung des **Streifenabstands** A verhält sich genauso wie die Bestimmung des Basisabstands oder auch Bildabstands B. So muss in der Formel nur B mit A und l mit q vertauscht werden:

$$A = S(1 - \frac{q}{100}) \tag{5}$$

Hierzu ein weiteres Beispiel des Bayerischen Landesamtes für Vermessung und Geoinformation: Bei einer geforderten Querüberlappung (q) von 30% und $S = 2900m$ ergibt sich aus (5) ein Streifenabstand ca. $A = 2000m$.

$$A = S(1 - \frac{q}{100})$$
$$A = 2900m * (1 - \frac{30}{100}) \approx 2000m$$

Für die Planung ist es nicht nur wichtig zu wissen, nach welcher Distanz in Metern ausgelöst werden muss, sondern vor allem in welchen zeitlichen Abständen die Aufnahmen erfolgen sollen. Die **Aufnahmefolgezeit** t ist bei der Kamera richtig einzustellen. Um t bestimmen zu können muss man die **Geschwindigkeit** v des Flugzeugs kennen. Diese liegt bei Bildflügen zwischen 170 und 800km/h. Warum die Geschwindigkeit des Flugzeugs möglichst niedrig sein sollte, wird nachfolgend erläutert. In der physikalischen Standardformel für v - nach dem Zeitintervall t aufgelöst- wird nun der zurückgelegte Weg s mit B, dem Weg zwischen zwei Aufnahmepunkten ersetzt. B sollte in einem Zeitintervall t größer 2s zurückgelegt werden, damit die Kamera wieder einsatzbereit ist.

$$v = \frac{s}{t} = \frac{B[m]}{t[s]}$$

$$t = \frac{B[m]}{v[m/s]} \geq 2s \qquad (6)$$

So lässt sich also die einzustellende Aufnahmefolgezeit t bestimmen.

Doch nun muss zusätzlich folgendes beachtet werden: Während das Flugzeug fliegt, öffnet sich die Blende der Kamera. Während der **Linsenöffnungszeit** Δt wird aber wiederum ein Weg zurückgelegt, d.h. das erzeugte Bild entspricht nicht der Landschaft, die bei Öffnung der Blende unter dem Flugzeug war. Andere Bildpunkte sind nun im Bild projiziert. Dieses Phänomen nennt sich **Bildwanderung**. Es gibt das Bestreben die **Bildwanderung** u so klein wie möglich zu halten.

Dafür ist es erstens wichtig, dass sich die Kamerablende möglichst schnell öffnet und wieder schließt. Die Blendenöffnungszeiten von Luftbildkameras liegen zwischen $\Delta t = 1/150 - 1/1000s$. Dann können weniger „neue" Lichtstrahlen „eindringen" und die Bildwanderung u vergrößern.

Zweitens: Je langsamer das Flugzeug fliegt, desto weniger Landschaft mit „neuen" Lichtstrahlen kann durch die Blende eindringen.

Öffnet sich also die Blende der Kamera so haben alle Punkte des beflogenen Quadrats „eine feste Position" im Bild. Da sich aber - wie erwähnt - das Flugzeug mit v in der Blendenöffnungszeit Δt fortbewegt hat, hat sich auch der Nadirpunkt, der Punkt, an dem der Bildnadir die Erdoberfläche trifft, um die Strecke U

$$U = v * \Delta t$$

fortbewegt. Diese Strecke entspricht nach dem Zusammenhang aus *(3)*

$$u = \frac{U}{m_b}$$

der Wanderung u eines Punktes in der Bildebene. Daraus ergibt sich nach Einsetzten der beiden vorstehenden Formeln zwischen v, Δt und u folgender Zusammenhang:

$$u = \frac{v * \Delta t}{m_b} \qquad (7)$$

Dass das Luftbildflugzeug während des ganzen Fluges die Geschwindigkeit v konstant hält, dient der Genauigkeit. Um die Bildwanderung zu minimieren gibt es im Kameraöffnungszyklus ein kurzzeitiges Verschieben der Platte, auf die das Bild projiziert wird. Die Platte wird kurzzeitig entgegen der Richtung, in die die Bildwanderung das Bild verschiebt, bewegt. Dadurch kann u so klein wie möglich gehalten werden. Diese Technik haben nur wenige Kameras. Zwar gibt es normalerweise nur eine „Wanderung des Bildes" in Flugrichtung, doch wenn der Pilot seinen Kurs korrigiert, während die Kamerablende geöffnet ist, so kann es zu Verschiebungen der Bildpunkte sowohl in oder entgegen der X-Richtung, also der Flugrichtung, als auch in und entgegen der Y-Richtung geben. Um derartige Verschiebungen so gut wie möglich zu vermeiden, wird der Pilot per Leuchtanzeige auf den Belichtungsmoment aufmerksam gemacht, damit er Korrekturen seines Kurses im Zweifel zwischen den Beleuchtungsmomenten vornehmen kann. [PDL59]

8

3 Technische Realisierung und Durchführung eines Bildflugs

Weitere wichtige Überlegungen, die vor allem zur technischen Umsetzung des Bildfluges gehören, betreffen das Flugzeug, die Luftbildkamera, Instrumente zur Positionsbestimmung sowie Navigationsgeräte.

3.1 Das bildflugtaugliche Flugzeug

Bei der Realisierung der Planungsvorgaben müssen einige Aspekte, die das Flugzeug betreffen, berücksichtigt werden. So kann ein bestimmtes Flugzeug nur begrenzt lange fliegen. Die spielt vor allem hinsichtlich der Planung der Flugstreifen eine große Rolle. Auch muss berücksichtigt werden, ob das Flugzeug die passende Geschwindigkeit erreichen kann und ob es dazu geeignet ist einen Bildflug auf sehr tiefer oder etwas höherer Lage durchzuführen.

Theoretisch besteht bei fast jedem Flugzeug die Möglichkeit eine einfache Digitalkamera am Rumpf anzubringen und die Kameraöffnung zur Erdoberfläche zu richten. Doch weder das normale Reiseflugzeug noch eine handelsübliche Kamera würden annähernd ähnliches produzieren wie ein richtiges Bildflugzeug mit spezieller Bildflugkamera. Die Anforderungen an ein Bildflugzeug sind zusätzlich noch, dass es rasch das Einsatzgebiet und die Einsatzhöhe erreicht, aber dennoch wegen der beschriebenen Bildwanderung u sehr langsame Fluggeschwindigkeiten und außerdem niedrige Flughöhen einhalten kann. Zudem ist es wichtig, dass der Pilot sehr ruhig und strikt nach Route fliegt. Der Pilot soll zugleich sehr eng mit dem Kameraoperateur zusammenarbeiten. Die Hauptaufgabe des Kameraoperateurs ist es, den Überdeckungsregler, der die Überlappung der Luftbilder bestimmt, zu justieren. Im Zuge der Automatisierung wird dieser Arbeitsplatz aber immer mehr durch Computer ersetzt.

Ein Beispiel für ein geeignetes Bildflugzeug ist die Skywagon TU 206 von Cessna, USA. Sie ist einmotorig und kann eine Flughöhe von 8000m mit der Steiggeschwindigkeit von 5m/s erreichen und fliegt generell mit Geschwindigkeiten von ca. 170 bis 250km/h mit einer maximalen Flugdauer von ca. 7h 30min.

Ein deutsches Fabrikat wäre zum Beispiel der Skyservant DO 28-D von Dornier. Im Vergleich zur Cessna hat die Dornier zwei Motoren und kann auf 8200m mit 6m/s aufsteigen. Sie erreicht höhere Fluggeschwindigkeiten von 220 bis 270km/h und kann deswegen auch nur 6h 40min fliegen.

Ohne das geeignete Flugzeug und seine qualifizierte Besatzung ist kein Bildflug möglich, aber auch die Kamera und die richtigen Objektive sind für die Befliegung wichtige Punkte. [KJK96]

3.2 Die richtige Kamera - Wahl des Objektivs

Bei der Betrachtung der Kamera muss insbesondere dem Objektiv Augenmerk geschenkt werden.

3.2.1 Gängige Objektivtypen

Das Hauptmerkmal, in dem sich Objektive unterscheiden, ist ihre jeweilige Kammerkonstante c. Sie wird in der Regel mit der Brennweite gleichgesetzt. Je kleiner die Kammerkonstante ist, desto größer ist der sogenannte Öffnungswinkel einer Kamera. Je größer dieser Öffnungswinkel, desto mehr Strahlen können das gesamte Bild und vor allem auch den Randbereich des Bildes belichten, wodurch das Auflösungsvermögen zunimmt. Heutzutage sind vier Objektivtypen je nach Einsatzgebiet üblich:

- **Schmalwinkelobjektive**, mit einem schmalen Öffnungswinkel von 33gon und damit die relativ große Kammerkonstante $c = 60cm$

- **Normalwinkelobjektive**, mit 62gon Öffnungswinkel und $c = 30cm$
- **Weitwinkelobjektive**, mit 100gon als Öffnungswinkel und der Kammerkonstanten $c = 15cm$
- **Überweitwinkelobjektive**, mit 140gon Öffnungswinkel und nur 9cm Kammerkonstante

Nicht jedes Objektiv eignet sich für alle Einsatzgebiete des Bildflugs gleich gut.

3.2.2 Vor- und Nachteile der Überweitwinkelkamera

Beispielhaft werden hier nun die Vor- und Nachteile einer Überweitwinkel kamera betrachtet.

Eine Überweitwinkelkamera zeichnet sich durch eine relativ kleine Kammerkonstante c_u, und somit einen recht großen Öffnungswinkel aus. Das heißt nach der *Formel (2)* immer noch:

$$m_b = \frac{h_n}{c_n} = \frac{h_u}{c_u}$$

$$c_u \leq c_n$$

$$h_u = m_b * c_u \leq h_n$$

Wenn c_u als Kammerkonstante der Überweitwinkelkamera kleiner ist als c_n, die Kammerkonstante einer z.b. Normalwinkelkamera, so muss h_u als Flughöhe der Überweitwinkelkamera nicht so groß sein wie h_n als Normalflughöhe, um den gleichen Bildmaßstab zu erreichen.

- Vorteil (1): Wenn ein Flugzeug mit einer Überweitwinkelkamera an Bord auf h_n fliegt, so deckt sein Flug einen deutlich größeren Flugstreifen ab. Dadurch kann ein Gebiet bei einem Übersichtsflug **schneller** und damit auch **günstiger** beflogen werden.

- Vorteil (2): Um den gleichen Bildmaßstab zu erreichen, muss eine Maschine mit Normalwinkelkamera deutlich höher über dem Boden fliegen als eine mit Überweitwinkelkamera. Dadurch, dass die Maschine mit Überweitwinkelkamera nun aber näher über dem Boden fliegt, können mehr Bilddetails auf dem Bild abgebildet werden. Somit entsteht ein umso **genaueres Bild** mit **höherer Auflösung**.

- Vorteil (3): Wie später in *3.3 - Systeme zur Positionsbestimmung* erläutert wird, werden bei jedem Bildflug die exakten Koordinaten des Aufnahmezentrums durch Global Satelliten Navigation, siehe *3.3* , und die Abweichungen der Raumwinkel ermittelt. Je nach System werden die Daten umso genauer, je tiefer geflogen wird, wie zum Beispiel die Flughöhe. Sie kann durch ein Barometer bestimmt werden, das bekanntlich durch Druckunterschiede Höhenunterschiede angeben kann. Es arbeitet bei niedrigerer Höhe genauer als bei großen Flughöhen, da hier die Druckunterschiede pro bestimmtem Höhenunterschied größer sind als bei höheren Flugpositionen. Es ergibt sich somit eine **größere Höhengenauigkeit**.

Zwar bringt der Einsatz einer Überweitwinkelkamera die dargestellten Vorteile mit sich, aber hat auch folgende Nachteile:

- Nachteil (1): Dadurch, dass Strahlen in einem großen Öffnungswinkel mit sehr großem Winkel in das Objektiv, ein Linsensystem, einfallen, kann es an den Bildrändern zu optischen Fehlern kommen. Ein Fehler ist zum Beispiel die **atmosphärische Refraktion**. Hierbei entsteht eine (Art) Lichtbrechung am

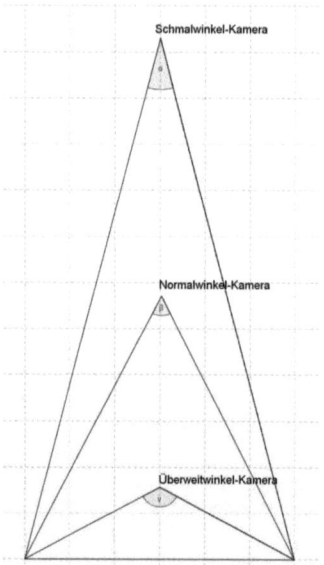

Abbildung 4: Vorteil(2)

Rand der Linse, da dort besonders viele Strahlen einfallen. Dadurch werden die Strahlen umso stärker gebrochen und das Bild verliert an Genauigkeit. Man kann sagen, dass es zu einer Art Lichtabfall zum Rande der Linse hin kommt.

- Nachteil(2): Weitere optische Fehler basieren hauptsächlich auf dem Interferenz-Effekt von Lichtwellen. Dabei überlagern sich mehrere Wellen. Bei einer destruktiven Interferenz löschen sich entgegengesetzte Maxima der Lichtwellen aus und es wird ein schwarzer Fleck abgebildet. Diesen optischen Fehler bezeichnet man als **Extinktion**. Im Bild wird ein schwarzer Fleck anstatt einer Landschaft abgebildet.

- Nachteil (3): Eines der wohl größten Probleme von Überweitwinkelkamera-Flügen ist der immer größer werdende **Umklapp-Effekt** der Häuser. Dieser Effekt bezeichnet das Phänomen, dass Strahlen, die Häuser im Randbereich des Bildes abbilden, diese Häuser stark verzerrt darstellen, sodass man mehr die Seitenwand eines Hauses als sein Dach sieht. Daher kommt es auch zu deutlichen Lageversetzungen, da scheinbar die Seitenwand eines Hauses an Stelle des Dachgiebels als höchster Punkt abgebildet wird. Ein weiteres Problem des Umklapp-Effekts ist, dass durch das „Umfallen" großer Häuser im Zweifel sogar kleinere Häuser direkt daneben verdeckt werden können. Wie in *Abbildung 5* sichtbar nimmt dieser Effekt vom Bildnadir, dem Fußpunkt des Lots von O auf die Erdoberfläche, zum Randbereich deutlich zu.

Daraus lässt sich ableiten, wofür sich Überweitwinkelkameras besonders gut eignen: Nach *Vorteil (1)* sind sie besonders günstig für Übersichtsflüge wegen der Ab-

11

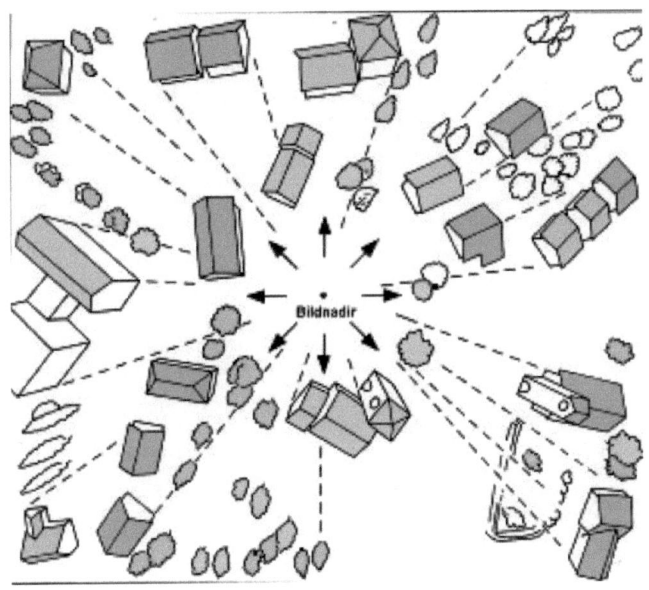

Abbildung 5: Schematische Darstellung des Umklapp-Effektes [LVG]

deckung von großen Flugstreifen bei Normalflughöhe. Außerdem macht sie ihr Detailreichtum bei Flügen mit kleiner Maßstabszahl durch ihre niedrige Flughöhe dafür prädestiniert.

Aus Nachteilen der Überweitwinkelkamera kann man die Vorteile der Schmalbzw. Normalwinkelkamera ableiten. Der Randbereich erscheint im Vergleich zu den Überweitwinkelkameras deutlicher und ohne optische Schwächen wie Refraktion oder Ähnlichem. Durch einen engeren Öffnungswinkel, also auch eine engere Blende, treffen die Strahlen mehr senkrecht auf die Linse und es kommt seltener zu eben erwähnten Refraktionen oder Brechungen. Das Bild wird somit schärfer. Auch die Umklapp-Effekte werden minimalisiert, da weniger Strahlen der Hauswände die Aufnahmekammer erreichen, sondern viel mehr Strahlen nur Hausdächer abbilden. Daher eignen sich diese Kameras vor allem für sehr dicht besiedelte Regionen, wo es wichtig ist, jedes Hausdach exakt zu erfassen.

3.2.3 Weitere wichtige Objektiveigenschaften

Neben dem Aspekt, welche Kammerkonstante c ein Objektiv hat und welcher Öffnungswinkel dadurch bedingt ist, gibt es noch eine Vielzahl anderer Kriterien, die für einen Bildflug sehr wichtig sind:

Das Objektiv sollte eine besonders **niedrige Belichtungszeit** oder auch Verschlusszeit Δt haben. Heutzutage variieren diese Zeiten von ca. 1/150 bis 1/1000s. Je kürzer die Belichtungszeit, desto weniger Weg legt das Flugzeug auch zwischen dem Öffnen und Schließen der Blende zurück. Daher sinkt die Bildwanderung, die nach *Formel (7)* vor allem von Δt - der Belichtungszeit - abhängt. Es herrscht direkte Proportionalität: Je kleiner Δt, desto kleiner die Bildwanderung u

Ein weiterer essentieller Faktor ist die **Lichtstärke** des Objektives. Sie gibt Auskunft über das Verhältnis von maximal geöffneter Blende zu Brennweite, die man mit der Kammerkonstanten c gleichsetzten kann. Je lichtstärker ein Objektiv also ist, desto eher fällt das Licht gebündelt durch die Linse und wird schärfer, weil stärker gebündelt, abgebildet. Bei Bildflügen sollte das Objektiv so lichtstark wie möglich sein um eine gute Bildschärfe zu erreichen.

Der sogenannte **Lichtwirkungsgrad** hingegen gibt das Verhältnis an, wie viel der zur Verfügung stehenden „Lichtmenge" durch den Kameraverschluss bei voller Öffnung eintreten konnte. Dieser liegt inzwischen bei 75 und 95%, d.h. relativ viel Licht kann durch den Verschluss der Linse das Bild beleuchten. Heute verwendete Verschlüsse mit dem genannten Lichtwirkungsgrad sind meist Zentralverschlüsse. Neben dieser einen positiven Eigenschaft heißt es auch, dass durch die gleichmäßige Öffnung gleichmäßig viel Licht in alle Bereiche des Bildes eintreten kann und es so zu einer gleichmäßigen Bilderzeugung in allen Teilen des Photos kommt.

3.2.4 Eigenschaften der Kamerabefestigung

Eine Justierungsmöglichkeit bietet der schon mehrfach angesprochene **Überdeckungsregler**. Um die gewünschte Überdeckung zu erreichen kann an diesem Gerät die Fluggeschwindigkeit und -höhe vom Kameraoperateur eingestellt werden. Der Überdeckungsregler gibt dann im richtigen Moment elektrische Impulse an die Kamera, damit diese zum richtigen Zeitpunkt auslöst. Auf dem Überdeckungsregler ist eine Art Sprossenkette zu sehen unter der das zu belichtende Gebiet zu beobachten ist. Durch Nachstellen der Geschwindigkeit und der Höhe des Flugzeugs verändern sich die Abstände der Sprossen und die Kamera löst in anderen Intervallen aus.

Nur bei Beachtung dieser Eigenschaften, die eine Kamera mit ihrem Objektiv erfüllen sollte, können gut verwertbare Bilder erzeugt werden. Doch es gibt noch weitere Einstellmöglichkeiten, vor allem was die Geräte „rund um die Kamera" betreffen, die angesprochen werden müssen.

Eine Problematik während des Fluges ist unvermeidbar: Durch die Motoren des Flugzeugs kommt es zu leichten Vibrationen während des Fluges. Um diese so weit wie möglich auszugleichen wird die **Aufhängung der Kamera** durch Gummi oder sensible Stahlfedern gedämpft. Auf diese Art und Weise werden „Bildwackler" absolut minimiert.

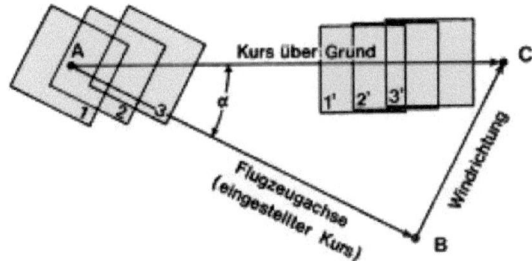

Abbildung 6: Verdeutlichung des Abdrifts [LVG]

Bei der Aufhängung sollte aber von vornherein die Möglichkeit den Abdriftwinkel α in Flugrichtung einzustellen gegeben sein. Dieser Winkel gibt an, um wie viel Grad oder Neugrad der eventuell auftretende Seitenwind das Flugzeug vom idealen Kurs entlang der X-Achse ablenken wird. Mit dieser Vorrichtung kann dieser Abdriftwinkel schon zum Beginn des Fluges justiert werden um ein „gerades" Bild zu erhalten. Um zusätzlich von vornherein eine möglichst horizontale Stellung der Kamera zu erreichen gibt es die Möglichkeit, die Kamera per Dosenlibelle ständig nachzustellen, damit Schwankungen von ϕ und ω so gering wie möglich bleiben. Eine Dosenlibelle ist ein mit Flüssigkeit und einer Gasblase gefüllter Hohlkörper, mit dem man die horizontale Ausrichtung z.B. der Kamera wie bei einer Wasserwaage überprüfen kann.

3.2.5 Der Kameraöffnungszyklus und weitere wichtige Merkmale des Fotos

Nachdem nun alle Einstellungen am Objektiv sowie an der Aufhängung der Kamera vorgenommen worden sind, kann man sich dem Kamerazyklus zuwenden.

Wenn sich der Verschluss der Kamera öffnet, kommt es zu einer Verschiebung der Platte bzw. des Materials, auf dem die Trägerschicht angebracht ist. Als nächstes wird diese Anpressplatte erst angehoben und der Film abgeblasen, das heißt zum Weitertransport präpariert, er wird also „angetrocknet". Als nächstes stellt sich das Bildnummernzählwerk weiter und nach dem Ansaugen des neuen Films und Anpressen in den Anlegerahmen beginnt der Vorgang erneut. Der gesamte Vorgang benötigt etwa 1,6 bis 2s, weshalb zwei Aufnahmepunkte auch immer mehr als 2s auseinanderliegen sollten, damit überhaupt ein Bild erzeugt werden kann.

Um bei dem beleuchteten Bild auch tatsächlich alle Bilddetails aufnehmen zu können ist die **Qualität des Phototrägermaterials** besonders wichtig. Eine große Rolle spielt hierbei die Körnigkeit der Trägerschicht. Je feiner diese ist, desto eher können auch alle Details wiedergegeben und die Fähigkeit das Bild zu vergrößern erreicht werden.

14

Um einen Bezug zum Flugbildprotokoll herstellen zu können, das nach jedem Flug erstellt werden muss, werden direkt auf dem Bild (Format 23cm x 23cm) folgende Daten festgehalten:

- Datum mit Uhrzeit

- Kameranummer

- Projektname

- Kammerkonstanten

- Werte für die äußere Orientierung (Landeskoordinaten und Raumwin kelabweichungen der Kamera)

- Höhenwerte des Projektionszentrums

- Angaben über Belichtungszeit

- Bildwanderungskompensationsversuche

Auf dem Foto selbst werden noch nach heutigem Standart 8 Meßmarken zur vollständigen Bestimmung der inneren Orientierung angebracht. [KJK96]

3.3 Systeme zur Positionsbestimmung

Wie in Kapitel *2.1.3 Die äußere Orientierung* besprochen, muss die Position des Aufnahmezentrums O im Raum, d.h. im Landeskoordinatensystem bestimmt werden. Das sogenannte GNSS - für „global navigation satellite system" - ist in der Lage, per Satellit genauso wie GPS- „global positioning system"- die X- bzw. Y-Koordinaten des Aufnahmezentrums O möglichst genau zu bestimmen. Nach heutigem Stand ist das Ermitteln der Z- bzw. H-Koordinate per Satellit noch zu ungenau für den Bildflug. Daher kommt zum Feststellen der Höhe über Grund meist ein Echolot zum Einsatz. Dieser misst, wie lange Ultraschall braucht, um von der Erdoberfläche reflektiert zu werden, und bestimmt daraus und aus der Geschwindigkeit des Schalls die Höhe. Für genaue Ergebnisse eines Echolots oder Funkhöhenmessers ist eine ebene Flugoberfläche erforderlich. Eine andere, etwas ältere Möglichkeit ist zudem der Einsatz von Flüssigkeits-Differentialbarometern. Ist das Ventil geöffnet, so steht die Meßflüssigkeit im Unterteil gleich hoch mit der im Steigrohr. Wird das Ventil bei Erreichen der Flughöhe geschlossen, so verändert sich der Stand der Flüssigkeit je nach Flughöhenunterschied im Steigrohr. Diese Änderungen werden als Kapazitätsänderungen an einen elektrischen Kondensator übertragen und registriert. Die Genauigkeit dieser Geräte liegt bei etwa $\pm 0,5m$.

Die festgestellten Daten werden auf dem Luftbild angegeben.

3.4 Inertiale Navigationssysteme zur Verfeinerung der GNSS-Daten

Um nun neben den Koordinaten des Aufnahmezentrums auch die Raumwinkelabweichungen der Aufnahme festzustellen werden sogenannte Inertiale Navigationssysteme (INS) eingesetzt, auch Trägheitsnavigationssysteme genannt. Sogenannte Inertialsensoren in Mikrosystemen messen die Beschleunigung und die Rotation eines Körpers, also die Winkelgeschwindigkeit, relativ zu einem unbeschleunigten Bezugssystem. Beide Messgrößen werden jeweils in allen drei Raumrichtungen erfasst. Nun können durch Zusammenführen der verschiedenen Sensordaten Raumwinkel und Position bestimmt werden. Diese Prozesse geschehen heute fast ohne menschliches Zutun am Computer.

Somit erhält man eine Positionsbestimmung nicht nur aus Globaler Satellitennavigation, sondern auch aus den Beschleunigungs- und Rotationsdaten im Flugzeug selbst.

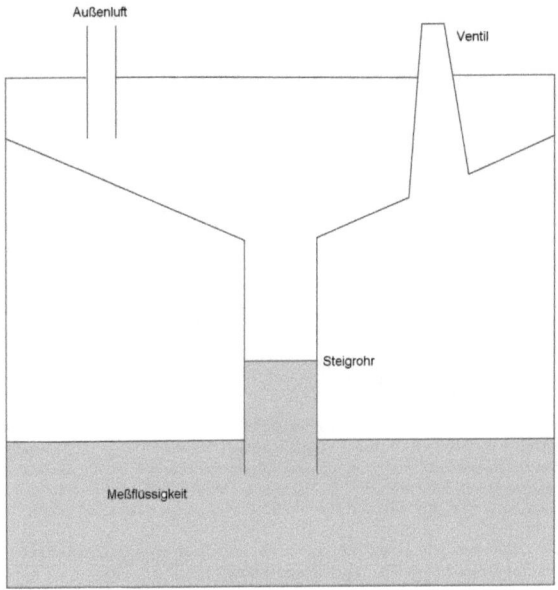

Abbildung 7: Flüssigkeitsdifferential-Barometer

Eine ältere Möglichkeit Längs- und Querneigungen zu bestimmen sind sogenannte Kreiselintrumente. Hierbei werden Drehkreisel in sogenannten kardanischen Aufhängungen gelagert. Dabei ist ein äußerer Ring der Kardanlagers fest. In ihm ist ein weiterer Ring gelagert, dessen Achse senkrecht zu der des äußeren steht. Ganz im Inneren wird im dritten Ring, dessen Achse wiederum senkrecht zum mittleren und äußeren Ring steht, der besagte Kreisel gelagert. Zwei Prinzipien der Physik sind hierbei von großer Bedeutung: Auf der einen Seite gilt nach der Massenträgheit nach Newton, dass der freilaufende Kreisel die Richtung seiner Drehachse beibehält, solange er in einem Inertialsystem ruht, die sogenannte Stabilität. Ganz nach dem Prinzip: „Wirkt auf einen Körper keine Kraft, so bewegt er sich mit konstanter Geschwindigkeit weiter." Der zweite wichtige Satz ist der vom sogenannten Drehimpuls. Wird demnach eine Kreiselachse von einer äußeren Kraft angegriffen, so folgt die Achse des laufenden, also sich drehenden Kreisels nicht der Angriffsrichtung, sondern weicht rechtwinklig dazu aus. Dadurch dass dieses Phänomen, genannt Präzession, und die äußere Kraft in Zusammenhang stehen, werden Lageänderungen messbar. Wird nun im Messflugzeug ein derartiger Kreisel gelagert, können mit Hilfe der Lageveränderungen Neigungen in Längs- und Querrichtungen aber auch die Kantung festgestellt und gemessen werden, während der Kreisel seine Drehbewegung fortwährend behält. Man nennt diese Kreiselmessinstrumente auch Gyroskope. Heute kommen aber vor allem die moderneren Inertialsensoren zum Einsatz.

Bildflüge lassen sich somit, was die Route betrifft, ziemlich genau rekonstruieren und die Positionen der Aufnahmezentren sind extrem genau bestimmbar. Doch um neben den Daten „aus der Luft" noch „Bodenständiges" zu verwenden werden sogenannte Passpunkte auf dem zu befliegenden Gebiet einbezogen. Sie dienen nicht nur dem Bildflug. Diese Punkte sind terrestrisch vergemessen und somit mit enorm hoher Genauigkeit bezüglich Höhe und Position bestimmt. Beim Bildflug werden sie überflogen. Geodäten können nach dem Flug die bereits durch GNSS und INS ermittelten Daten der äußeren Orientierung mit dieser sogenannten „ground truth" (zu Deutsch in etwa: Daten zur Lagerichtigkeit) verbessern.

4 Luftbilder im Alltag

Die gewonnenen Daten der äußeren Orientierung in Kombination mit der inneren Orientierung bieten die Möglichkeit aus den Luftbildern zu messen und zu interpretieren.

Ein Verwendungszweck von überwiegend älteren Luftbildern ist die Ermittlung von Altlasten aus der Interpretation des Bildes. So lässt sich zum Beispiel der Einschlagskrater einer Fliegerbombe auf alten Luftfotos lokalisieren und die Gefahr kann entschärft werden.

Heutige Luftaufnahmen dienen großenteils als Grundlage für Aktualisierungen von Landkarten, Stadtplanung und Landschaftsgestaltung.

Besonders aktuell ist die Verwendung von Luftbildern zusammen mit Laserscaning-Daten von Landschaftsgebieten, durch die sich ein 3-D-Geländemodell erstellen lässt.

Literatur

[Alb01] Albertz, Jörg: *Einführung in die Fernerkundung.* Wissenschaftliche Buchgesellschaft, Darmstadt, 2001.

[Fin68] Finsterwalder, Prof. Dr. Richard: *Photogrammetrie.* Walter de Gruyter & Co., Berlin, 1968.

[KJK96] Klaus, Karl, Joseph Jansa und Helmut Kager: *Photogrammetrie.* Walter de Gruyter & Co., Berlin, 1996.

[LVG]   *aus Gesprächen mit Vermessungsbeamten/ Graphiken aus dem Fundus des LVG.*

[PDL59]   Prof. Dr. Lehmann, Gerhard: *Photogrammetrie.* Walter de Gruyter & Co., Berlin, 1959.

[Zie82]   Ziegler, Dr. Theodor: *Das Bayerische Landesvermessungsamt.* Bayerisches Landesvermessungsamt, München, 1982.

[Zie89]   Ziegler, Dr. Theodor: *Vom Grenzstein zur Landkarte.* Konrad Wittwer, Stuttgart, 1989.